Jarnail Singh
Kaushal Kumar
Paramvir Yadav

Noções básicas sobre motores sincronizados

Jarnail Singh
Kaushal Kumar
Paramvir Yadav

Noções básicas sobre motores sincronizados

ScienciaScripts

Imprint
Any brand names and product names mentioned in this book are subject to trademark, brand or patent protection and are trademarks or registered trademarks of their respective holders. The use of brand names, product names, common names, trade names, product descriptions etc. even without a particular marking in this work is in no way to be construed to mean that such names may be regarded as unrestricted in respect of trademark and brand protection legislation and could thus be used by anyone.

Cover image: www.ingimage.com

This book is a translation from the original published under ISBN 978-620-7-80665-2.

Publisher:
Sciencia Scripts
is a trademark of
Dodo Books Indian Ocean Ltd. and OmniScriptum S.R.L publishing group

120 High Road, East Finchley, London, N2 9ED, United Kingdom
Str. Armeneasca 28/1, office 1, Chisinau MD-2012, Republic of Moldova, Europe
Printed at: see last page
ISBN: 978-620-7-92934-4

"Noções básicas sobre motores sincronizados"

Por

Dr. Jarnail Singh

Professor Assistente, Departamento de Engenharia Mecânica, UCRD

Universidade de Chandigarh, Mohali,

&

Dr. Kaushal Kumar

Professor Associado, Escola de Engenharia e Tecnologia,

Universidade KR Mangalam, Gurugram

&

Sr. Paramvir Yadav

(Bolseiro de investigação, Escola de Engenharia e Tecnologia),

Universidade KR Mangalam, Gurugram

Tabela de conteúdo

Prefácio

O livro "Basics of Synchromesh Motors" foi concebido como um guia essencial para estudantes, engenheiros e entusiastas que procuram compreender os princípios fundamentais e as aplicações dos motores sincronizados. Esta introdução abrangente traça o desenvolvimento histórico destes sistemas inovadores e explora o seu papel crítico na engenharia mecânica e automóvel moderna.

Os motores Synchromesh revolucionaram a transmissão de potência ao permitirem o engate perfeito e eficiente das mudanças, melhorando assim o desempenho e a durabilidade do veículo. O cerne desta tecnologia reside na sua capacidade de sincronizar as velocidades das engrenagens antes do engate, um avanço que elimina a necessidade de dupla embraiagem e reduz significativamente o desgaste dos componentes da transmissão.

Este livro fornece uma análise detalhada dos principais componentes e mecanismos envolvidos nos sistemas de sincronização, incluindo anéis sincronizadores, mangas e engrenagens. Através de explicações claras e diagramas ilustrativos, os leitores obterão uma compreensão profunda da forma como estas peças interagem para garantir mudanças de velocidade suaves e precisas.

Para além dos aspectos técnicos, o livro destaca o impacto da tecnologia de sincronização em vários sectores. Ao apresentar estudos de casos e aplicações reais, demonstra os benefícios práticos e os avanços trazidos por estes sistemas.

Capítulo 1:

Antecedentes históricos

Os motores sincronizados, mais conhecidos na indústria automóvel como parte das transmissões sincronizadas, são fundamentais na evolução da tecnologia automóvel. Estes sistemas facilitam mudanças de velocidade mais suaves nas transmissões manuais, fazendo corresponder as velocidades das engrenagens e dos veios, eliminando a necessidade de dupla embraiagem. O desenvolvimento e a implementação da tecnologia de sincronização revolucionaram a condução, tornando os veículos com transmissão manual mais fáceis e eficientes de operar.

1.1 Primeiros desenvolvimentos na transmissão por engrenagens:

A história da transmissão por engrenagens remonta ao final do século XIX e ao início do século XX. Inicialmente, os veículos utilizavam transmissões não sincronizadas, que exigiam uma grande capacidade de funcionamento. Os condutores tinham de fazer corresponder manualmente a velocidade do motor à velocidade das engrenagens - um processo conhecido como dupla embraiagem. Este método era incómodo e propenso a moer as engrenagens, o que levou à necessidade de um sistema mais eficiente.

1.2 Invenção do sistema Synchromesh:

O sistema de sincronização foi inventado por Earl A. Thompson, um engenheiro da General Motors (GM), no início da década de 1920. A descoberta de Thompson ocorreu em 1928 com a introdução de um projeto de transmissão que incorporava sincronizadores. Esta conceção visava sincronizar as velocidades das engrenagens e dos veios, permitindo mudanças de velocidade suaves sem dupla embraiagem.

1.3 A General Motors e a ligação com o Cadillac:

A primeira aplicação prática do projeto de sincronização de Thompson foi no Cadillac de 1929. A adoção desta tecnologia pela GM constituiu um marco significativo na engenharia automóvel. A transmissão sincronizada Cadillac foi uma maravilha do seu tempo, oferecendo uma facilidade de utilização e fiabilidade sem precedentes. Esta inovação estabeleceu o padrão para as futuras transmissões manuais e sublinhou o compromisso da GM para com o avanço da tecnologia automóvel.

1.4 Expansão e aperfeiçoamento da tecnologia Synchromesh:

Após a implementação bem sucedida nos veículos Cadillac, a tecnologia de transmissão sincronizada espalhou-se rapidamente por toda a indústria automóvel. Na década de 1930, muitos fabricantes de automóveis tinham adotado as transmissões sincronizadas. Os engenheiros aperfeiçoaram continuamente a tecnologia, melhorando a sua eficiência e durabilidade. O princípio básico permaneceu o mesmo: foram utilizados sincronizadores para fazer corresponder as velocidades das engrenagens, mas os materiais e os mecanismos evoluíram para melhorar o desempenho.

1.5 Avanços no pós-guerra:

O período que se seguiu à Segunda Guerra Mundial assistiu a rápidos avanços na tecnologia automóvel, incluindo as transmissões sincronizadas. O boom económico e o aumento da procura de automóveis por parte dos consumidores impulsionaram a inovação. Os fabricantes de automóveis fizeram experiências com vários designs de transmissão sincronizada, levando a transmissões mais compactas, robustas e eficientes. As inovações incluíram a utilização de melhores materiais, tais como ligas de alta qualidade, que melhoraram a longevidade e o desempenho dos sincronizadores.

1.6 A ascensão da transmissão manual:

Em meados do século XX, as transmissões manuais com tecnologia de sincronização tornaram-se a norma para os veículos de passageiros. Os condutores apreciaram as mudanças de velocidade mais suaves e a experiência de condução melhorada. Este período também assistiu à normalização das transmissões sincronizadas, com a maioria dos veículos a oferecerem caixas manuais de três ou quatro velocidades.

1.7 Desafios e concorrência:

Apesar da adoção generalizada, as transmissões sincronizadas enfrentaram desafios da tecnologia de transmissão automática emergente. As automáticas, que não requeriam mudanças de velocidade por parte do condutor, começaram a ganhar popularidade nas décadas de 1950 e 1960. No entanto, as transmissões manuais com sistemas sincronizados mantiveram um público fiel, especialmente entre os entusiastas da condução que valorizavam o controlo e o envolvimento oferecidos pela mudança manual de velocidades.

1.8 Convergência tecnológica e inovações:

A segunda metade do século XX assistiu a uma convergência de tecnologias. As transmissões semi-automáticas e totalmente automáticas tomaram emprestados elementos dos designs de sincronização para melhorar a sua eficiência e fiabilidade. Além disso, inovações como a caixa de velocidades de malha constante, em que todas as engrenagens estão sempre engrenadas, mas só engatam quando seleccionadas, incorporaram princípios de sincronização para melhorar a suavidade das mudanças de velocidade.

1.9 Sistemas Synchromesh modernos:

Nos veículos actuais, as transmissões sincronizadas evoluíram para incorporar materiais avançados e engenharia de precisão. Os sincronizadores modernos são normalmente fabricados a partir de materiais de elevado desempenho, tais como compostos de carbono, que oferecem uma durabilidade e resistência ao calor superiores. Além disso, foram integrados controlos computorizados em algumas transmissões manuais para aperfeiçoar ainda mais a mudança de velocidades e melhorar o desempenho.

1.10 Impacto no design e na cultura automóvel:

A introdução e a evolução das transmissões sincronizadas tiveram um impacto profundo no design e na cultura automóvel. Permitiram aos fabricantes de automóveis conceber motores mais potentes e eficientes sem comprometer a dirigibilidade. Além disso, os sistemas de transmissão sincronizada desempenharam um papel significativo na cultura de condução, particularmente em carros desportivos e veículos de desempenho, onde as transmissões manuais são muitas vezes preferidas pelo seu feedback tátil e envolvimento na condução.

1.11 Considerações ambientais e económicas:

Nos últimos anos, a indústria automóvel tem enfrentado uma pressão crescente para reduzir o impacto ambiental e melhorar a eficiência do combustível. As transmissões sincronizadas, conhecidas pela sua eficiência mecânica, têm feito parte deste esforço. Embora as transmissões automáticas e continuamente variáveis (CVTs) tenham feito progressos significativos, as transmissões manuais com sistemas sincronizados avançados continuam a ser desenvolvidas, particularmente para mercados e segmentos de veículos em que a economia de combustível e o envolvimento do condutor são fundamentais.

1.12 O futuro da tecnologia Synchromesh:

Olhando para o futuro, é provável que a tecnologia de sincronização continue a evoluir em resposta às tendências automóveis em mudança. O aumento dos veículos eléctricos (VEs), que normalmente não requerem transmissões tradicionais, representa um desafio para o futuro dos sistemas sincronizados. No entanto, os veículos híbridos e os VEs orientados para o desempenho podem ainda beneficiar de tecnologias avançadas de sincronização de engrenagens. Além disso, os princípios de conceção da sincronização podem encontrar aplicações noutras áreas da engenharia mecânica e da robótica, onde é necessária uma mudança de velocidade precisa e eficiente.

A história dos motores sincronizados, ou mais precisamente, das transmissões sincronizadas, é um testemunho do impacto duradouro da engenharia inovadora na indústria automóvel. Desde a sua criação no início do século XX até às suas encarnações modernas, os sistemas de sincronização revolucionaram a condução, tornando as transmissões manuais mais fáceis de utilizar e eficientes. À medida que o panorama automóvel continua a evoluir, o legado da tecnologia sincronizada persistirá, influenciando futuros desenvolvimentos no design de veículos e na engenharia mecânica.

Capítulo 2:

Cenário de mercado

O mercado das transmissões sincronizadas é um segmento crucial no mercado mais vasto das transmissões automóveis. Este segmento inclui vários tipos de transmissões manuais que utilizam anéis sincronizadores para facilitar mudanças de velocidade mais suaves. Apesar da crescente prevalência de transmissões automáticas e continuamente variáveis (CVTs), as transmissões sincronizadas continuam a ser importantes, particularmente em determinados segmentos de veículos e regiões.

2.1 Dinâmica do mercado

2.1.1. Factores de procura:

• Entusiastas da condução: As transmissões Synchromesh são preferidas pelos entusiastas da condução que valorizam o controlo e o envolvimento proporcionados pelas mudanças manuais. Os automóveis desportivos, os veículos de desempenho e os motociclos possuem frequentemente caixas de velocidades sincronizadas.

• Eficiência de custos: As transmissões manuais, incluindo as com sincronização, são geralmente menos dispendiosas de fabricar e manter do que as transmissões automáticas. Isto torna-as apelativas em mercados sensíveis aos custos.

• Eficiência de combustível: As transmissões manuais podem oferecer uma melhor eficiência de combustível em comparação com as transmissões automáticas tradicionais, embora os avanços nas transmissões automáticas e nas CVT estejam a colmatar esta lacuna.

2.1.2. Preferências regionais:

- Europa: A Europa continua a ser um mercado forte para as transmissões sincronizadas devido às preferências culturais e a uma maior percentagem de veículos com transmissão manual. Na Europa, muitos condutores dominam a utilização de transmissões manuais e os automóveis pequenos e económicos apresentam frequentemente caixas de velocidades sincronizadas.

- Ásia-Pacífico: Em regiões como a Índia e o Sudeste Asiático, as transmissões manuais são predominantes devido ao seu custo mais baixo e maior eficiência de combustível. As transmissões sincronizadas dominam o segmento manual nestas regiões.

- América do Norte: A quota de mercado das transmissões manuais na América do Norte tem vindo a diminuir, com as automáticas a tornarem-se a norma. No entanto, ainda existe um nicho de mercado para as transmissões sincronizadas em carros desportivos e veículos para entusiastas.

2.1.3. Inovações tecnológicas:

- Materiais avançados: A utilização de materiais de elevado desempenho, tais como compósitos de carbono e ligas avançadas para anéis sincronizadores, aumenta a durabilidade e o desempenho.

- Design melhorado: Os sistemas de sincronização modernos são concebidos para oferecer mudanças de velocidade mais suaves e rápidas, com inovações como as transmissões manuais de dupla embraiagem.

- Integração com sistemas híbridos: Nos veículos híbridos, as transmissões sincronizadas podem ser integradas para otimizar a utilização de fontes de energia eléctrica e de combustão interna.

2.2 Desafios do mercado

- Concorrência das transmissões automáticas e CVT: As transmissões automáticas e as CVT oferecem comodidade e estão a tornar-se mais eficientes em termos de consumo de combustível e mais fiáveis, conduzindo a um declínio da quota de mercado das transmissões manuais.

- Veículos eléctricos (VEs): O aumento dos veículos eléctricos, que geralmente não requerem transmissões de várias velocidades, representa um desafio significativo para o mercado das transmissões sincronizadas.

- Preferências dos consumidores: A preferência crescente pela comodidade e facilidade de condução, sobretudo nas zonas urbanas, está a impulsionar a mudança para as transmissões automáticas.

2.3 Principais intervenientes no mercado

Vários grandes fabricantes e fornecedores do sector automóvel desempenham um papel importante no mercado das transmissões sincronizadas:

- ZF Friedrichshafen AG: Um fornecedor líder de transmissões manuais e automáticas, a ZF fornece sistemas avançados de sincronização.
- Getrag (Magna International): Conhecida pela sua tecnologia de transmissão manual, a Getrag fornece caixas de velocidades sincronizadas a vários fabricantes de automóveis.
- Aisin Seiki Co., Ltd: A Aisin fornece uma gama de sistemas de transmissão, incluindo transmissões manuais sincronizadas, a fabricantes de automóveis de todo o mundo.
- BorgWarner Inc.: Conhecida por suas tecnologias inovadoras de transmissão, incluindo sistemas sincronizados.

2.4 Tendências do mercado

2.4.1. Hibridação:

- As transmissões sincronizadas estão a ser adaptadas para utilização em veículos híbridos, onde ajudam a otimizar a eficiência da combinação de fontes de energia eléctrica e de combustão interna.

2.4.2. Materiais ligeiros:

- A utilização de materiais leves e duradouros nos sistemas de sincronização é uma tendência crescente, com o objetivo de melhorar a eficiência do combustível e o desempenho.

2.4.3. Integração digital:

- Integração de controlos electrónicos e sistemas digitais em transmissões sincronizadas para melhorar a precisão das mudanças e reduzir o desgaste.

2.5 Perspectivas futuras

Apesar dos desafios, espera-se que o mercado das transmissões sincronizadas continue a ser relevante devido a vários factores:

- Mercados de nicho: Continuação da procura em segmentos específicos, como os automóveis desportivos, os motociclos e determinados mercados regionais.
- Avanços tecnológicos: As inovações contínuas nos materiais e no design irão provavelmente melhorar o desempenho e a atração das transmissões sincronizadas.
- Sustentabilidade: As transmissões manuais, incluindo as do tipo sincronizado, são consideradas mais sustentáveis em termos de fabrico e reciclagem do que os sistemas automáticos complexos.

O mercado das transmissões sincronizadas está a sofrer alterações significativas devido à evolução das tecnologias automóveis e às preferências dos consumidores. Embora os veículos automáticos e eléctricos representem desafios, continua a haver uma procura constante em segmentos de veículos e regiões específicas. A inovação contínua e a adaptação às tecnologias híbridas e digitais serão cruciais para a relevância sustentada das transmissões sincronizadas no mercado automóvel global.

Capítulo 3:

Cenário do mercado indiano

A indústria automóvel indiana é um dos mercados mais dinâmicos e de mais rápido crescimento a nível mundial. Neste mercado em expansão, as transmissões sincronizadas desempenham um papel crucial, particularmente no contexto dos veículos com transmissão manual. Embora as transmissões automáticas estejam a ganhar popularidade, as transmissões manuais continuam a ser dominantes devido a considerações de custo, eficiência de combustível e preferências culturais. Este artigo analisa o mercado indiano de transmissões sincronizadas, explorando o seu contexto histórico, o cenário atual, os avanços tecnológicos, os desafios e as perspectivas futuras.

A evolução das transmissões sincronizadas na Índia está intimamente ligada à história mais vasta da indústria automóvel indiana. Desde os primeiros dias da introdução do automóvel na Índia, as transmissões manuais têm sido a norma. Esta preferência deveu-se em parte à simplicidade e ao preço acessível dos sistemas manuais em comparação com as transmissões automáticas.

3.1　Adoção precoce:

o　　　　Tecnologias importadas: No início do século XX, a maioria dos veículos na Índia era importada e as transmissões manuais com tecnologia de sincronização já eram padrão em muitos carros europeus e americanos. O mecanismo de sincronização, que permite uma mudança de velocidades mais suave e fácil, era uma caraterística atractiva.

o　　　　Fabrico local: Quando a indústria automóvel indiana começou a estabelecer-se após a independência, o fabrico local de veículos teve início na década de 1950. Empresas como a Hindustan Motors e a Premier Automobiles produziram modelos com transmissões manuais sincronizadas.

3.2　Crescimento do mercado interno:

o   Políticas económicas: As políticas económicas das décadas de 1970 e 1980, incluindo o License Raj, influenciaram o crescimento do mercado automóvel nacional. Apesar das restrições, a procura de veículos económicos e eficientes em termos de combustível impulsionou a utilização de transmissões manuais.

o   Impacto da Maruti Suzuki: A entrada da Maruti Suzuki no início dos anos 80 marcou uma mudança significativa. O Maruti 800, com a sua eficiente e fiável transmissão manual sincronizada, tornou-se um ícone cultural e definiu o padrão para os veículos futuros.

3.3 Cenário atual do mercado

O mercado automóvel indiano contemporâneo é diversificado, com uma vasta gama de tipos de veículos e opções de transmissão. Apesar do crescente interesse pelas transmissões automáticas, as transmissões manuais sincronizadas continuam a dominar o mercado.

1.   Segmentação do mercado:

o   Veículos de passageiros: A maioria dos carros pequenos, hatchbacks e sedans de entrada de gama na Índia estão equipados com transmissões manuais sincronizadas. Marcas como a Maruti Suzuki, a Hyundai e a Tata Motors oferecem vários modelos com caixas de velocidades manuais.

o   Veículos comerciais: As transmissões manuais são predominantes nos veículos comerciais, incluindo camiões, autocarros e veículos comerciais ligeiros (VCL). A robustez e a relação custo-eficácia das transmissões sincronizadas tornam-nas ideais para utilização comercial.

o   Duas rodas: No segmento dos veículos de duas rodas, as transmissões manuais com tecnologia de sincronização são padrão, especialmente nos motociclos. Marcas como a Hero MotoCorp, a Bajaj e a Royal Enfield apostam fortemente nas caixas de velocidades manuais.

2.   Preferências dos consumidores:

o   Acessibilidade: O custo dos veículos é um fator crítico para os consumidores indianos. As transmissões manuais são menos dispendiosas de produzir e manter, o que as torna a escolha preferida dos compradores preocupados com o orçamento.

o   Eficiência de combustível: Os custos de combustível são uma parte significativa das despesas de propriedade de um veículo na Índia. As transmissões manuais proporcionam frequentemente uma melhor eficiência de combustível em comparação com as transmissões automáticas, apelando aos consumidores com preocupações económicas.

o   Experiência de condução: Muitos condutores indianos estão habituados às transmissões manuais e preferem o controlo e o envolvimento que estas oferecem. Esta preferência cultural sustenta a procura de caixas de velocidades manuais.

3.4 Avanços tecnológicos

Embora os princípios básicos das transmissões sincronizadas se tenham mantido consistentes, houve vários avanços tecnológicos destinados a melhorar o desempenho, a durabilidade e a eficiência.

1.   Inovações de materiais:

o   Ligas de alto desempenho: A utilização de materiais avançados, como ligas de alto desempenho e compostos de carbono nos anéis sincronizadores, aumenta a durabilidade e reduz o desgaste.

o   Tratamento térmico: Os processos de fabrico modernos, incluindo técnicas precisas de tratamento térmico, melhoram a resistência e o tempo de vida dos componentes de sincronização.

2.   Melhorias na conceção:

o   Sincronizadores melhorados: Os designs avançados dos sincronizadores reduzem a fricção e facilitam mudanças de velocidade mais suaves. Os sincronizadores multi-cone, por exemplo, proporcionam uma melhor distribuição e sincronização da carga.

o   Redução de ruído: As inovações destinadas a reduzir o ruído, a vibração e a aspereza (NVH) tornaram as transmissões sincronizadas modernas mais silenciosas e mais confortáveis para os condutores.

3.   Integração digital:

o   Unidades de controlo eletrónico (UCE): A integração de ECUs nas transmissões manuais aumenta a precisão nas mudanças de velocidade e melhora o desempenho geral do veículo. Estes sistemas digitais monitorizam e ajustam o processo de sincronização para uma eficiência óptima.

o   Telemática: Os sistemas telemáticos avançados podem monitorizar o desempenho das transmissões sincronizadas, fornecendo dados sobre padrões de desgaste e necessidades de manutenção.

4.   Aplicações híbridas:

o   Assistência eléctrica: Nos veículos híbridos, as transmissões sincronizadas podem ser integradas com motores eléctricos para otimizar a utilização de ambas as fontes de energia. Esta abordagem híbrida pode melhorar a eficiência do combustível e o desempenho.

3.5 Desafios do mercado

Apesar da sua popularidade, as transmissões sincronizadas enfrentam vários desafios no mercado indiano.

1.   A concorrência dos automáticos:

o   Popularidade crescente: As transmissões automáticas estão a tornar-se cada vez mais populares na Índia, especialmente nas zonas urbanas, onde o tráfego intenso torna a mudança manual de velocidades incómoda.

o   Avanços tecnológicos: As modernas transmissões automáticas, incluindo as CVT e as transmissões de dupla embraiagem (DCT), oferecem maior eficiência de combustível e conforto de condução, representando uma ameaça significativa para as caixas de velocidades manuais.

2.   Veículos eléctricos (VEs):

o   Necessidades de transmissão: Os veículos eléctricos geralmente não requerem transmissões tradicionais de várias velocidades, uma vez que os motores eléctricos fornecem um binário instantâneo numa vasta gama de velocidades. Esta mudança para os veículos eléctricos poderá diminuir o mercado das transmissões sincronizadas.

o   Políticas governamentais: As políticas governamentais indianas que promovem a mobilidade eléctrica, incluindo subsídios e incentivos para os compradores de VE, estão a acelerar a transição dos veículos com motor de combustão interna (ICE), que tradicionalmente utilizam transmissões sincronizadas.

3.   Preferências dos consumidores:

o   Conveniência: A urbanização crescente e o desejo de conveniência estão a levar os consumidores a optar por transmissões automáticas. As gerações mais jovens, em particular, podem preferir a facilidade das automáticas.

o   Curva de aprendizagem: Aprender a conduzir com uma transmissão manual pode ser um desafio para os novos condutores, levando alguns a optar por veículos automáticos.

3.6 Principais intervenientes no mercado

O mercado das transmissões sincronizadas na Índia é dominado por vários intervenientes importantes, incluindo empresas nacionais e internacionais.

1.   Maruti Suzuki India Limited:

o   Líder de mercado: Como fabricante de automóveis líder na Índia, a Maruti Suzuki oferece uma vasta gama de veículos com transmissões manuais sincronizadas. Modelos como o Alto, Swift e Baleno são escolhas populares.

o   Inovação: A Maruti Suzuki continua a inovar, incorporando materiais e designs avançados nas suas transmissões manuais para melhorar o desempenho e a durabilidade.

2.   Hyundai Motor India Limited:

o   Vasta gama: A Hyundai oferece vários modelos com transmissões manuais sincronizadas, incluindo o i10, o i20 e o Creta. A empresa concentra-se em proporcionar uma experiência de condução suave e eficiente.

o   Tecnologia avançada: A Hyundai integra tecnologias modernas nas suas caixas de velocidades manuais, tais como sincronizadores melhorados e técnicas de redução de ruído.

3.   Tata Motors:

o   Portfólio diversificado: A Tata Motors fornece uma gama diversificada de veículos, desde automóveis de passageiros a veículos comerciais, todos utilizando transmissões manuais sincronizadas. Modelos como o Tiago, o Nexon e o Harrier estão equipados com caixas de velocidades manuais.

o   Durabilidade: A Tata Motors dá ênfase à durabilidade e à fiabilidade das suas transmissões manuais, atendendo aos mercados urbano e rural.

4.   Mahindra & Mahindra:

o   Design robusto: Conhecida pelos seus SUVs e veículos comerciais robustos, a Mahindra baseia-se fortemente em transmissões manuais sincronizadas robustas. Os modelos mais populares incluem o Bolero, o Scorpio e o Thar.

o   Capacidade todo-o-terreno: As transmissões manuais da Mahindra foram concebidas para lidar com condições fora de estrada, tornando-as adequadas para diversos terrenos indianos.

5.   Hero MotoCorp:

o   Duas rodas: Como o maior fabricante de duas rodas na Índia, a Hero MotoCorp utiliza transmissões sincronizadas nos seus motociclos. Modelos como o Splendor, o Passion e o Glamour estão equipados com caixas de velocidades manuais.

o   Eficiência de combustível: A Hero MotoCorp concentra-se em fornecer transmissões manuais fiáveis e eficientes em termos de combustível para satisfazer o mercado de massas.

3.7 Tendências do mercado

Várias tendências fundamentais estão a moldar o futuro das transmissões sincronizadas no mercado indiano.

1.   Hibridação:

o   Soluções amigas do ambiente: Com o aumento das preocupações ambientais, os veículos híbridos que combinam motores de combustão interna com motores eléctricos estão a ganhar força. As transmissões sincronizadas em veículos híbridos podem otimizar o fornecimento de potência e a eficiência.

o   Impulso regulamentar: As regulamentações governamentais que promovem a redução das emissões e do consumo de combustível estão a incentivar os fabricantes de automóveis a explorar tecnologias híbridas, potencialmente incorporando sistemas de sincronização.

2.   Materiais leves:

o   Ganhos de eficiência: A utilização de materiais leves e duradouros nas transmissões sincronizadas pode aumentar a eficiência do combustível e o desempenho. Os compostos e ligas avançados reduzem o peso total do sistema de transmissão.

o   Sustentabilidade: Os materiais leves também contribuem para a sustentabilidade, reduzindo o impacto ambiental do fabrico e funcionamento dos veículos.

3.   Integração digital:

o   Sistemas inteligentes: A integração de sistemas digitais nas transmissões manuais pode melhorar o desempenho. As ECUs e a telemática podem otimizar as mudanças de velocidade, monitorizar o estado da transmissão e fornecer dados valiosos para a manutenção.

o   Veículos conectados: À medida que os veículos se tornam mais conectados, as transmissões sincronizadas com integração digital podem fazer parte de uma rede mais alargada de sistemas de veículos, melhorando a experiência de condução e a eficiência globais.

4.   Personalização:

o   Personalização: Os fabricantes de automóveis estão a oferecer mais opções de personalização, permitindo aos consumidores escolher entre transmissões manuais e automáticas com base nas suas preferências. Esta tendência apoia a relevância contínua das transmissões sincronizadas.

o   Segmentação do mercado: A personalização também permite que os fabricantes de automóveis visem segmentos de mercado específicos, como os entusiastas da condução que preferem transmissões manuais.

3.8 Perspectivas futuras

O futuro das transmissões sincronizadas no mercado indiano será moldado por uma combinação de avanços tecnológicos, preferências dos consumidores e desenvolvimentos regulamentares.

1.   Procura sustentada:

o   Mercados de nicho: Embora as transmissões automáticas continuem a crescer, continuará a haver uma procura sustentada de transmissões sincronizadas em nichos de mercado como os automóveis desportivos, os veículos de desempenho e certas aplicações comerciais.

o   Factores culturais: A familiaridade cultural com as transmissões manuais e a experiência de condução associada sustentarão a procura em certos segmentos do mercado.

2.   Evolução tecnológica:

o   Inovação: A inovação contínua em materiais, design e integração digital melhorará o desempenho e o atrativo das transmissões sincronizadas. Estes avanços ajudarão a manter a sua competitividade face às transmissões automáticas e aos veículos eléctricos.

o   Integração híbrida: As transmissões Synchromesh em veículos híbridos oferecerão uma mistura de tecnologias tradicionais e modernas, apelando aos consumidores que procuram opções de condução amigas do ambiente e ao mesmo tempo interessantes.

3.   Influência regulamentar:

o   Normas de emissões: Normas de emissões mais rigorosas e incentivos governamentais para veículos eficientes em termos de combustível e com baixas emissões influenciarão o desenvolvimento e a adoção de transmissões sincronizadas, particularmente em aplicações híbridas.

o   Mobilidade eléctrica: Embora o aumento dos VE represente um desafio, os veículos híbridos com sistemas sincronizados podem colmatar a lacuna durante a transição para a eletrificação total.

4.   Considerações económicas:

o   Custo-eficácia: A vantagem de custo das transmissões manuais continuará a ser um fator significativo nos mercados sensíveis ao preço. Os fabricantes de automóveis continuarão a oferecer opções de transmissão sincronizada para satisfazer os consumidores preocupados com o orçamento.

o   Manutenção: Os custos de manutenção mais baixos das transmissões manuais em comparação com as automáticas atrairão um vasto segmento de consumidores indianos.

O mercado indiano de transmissões sincronizadas é caracterizado por uma mistura única de preferências tradicionais e inovações modernas. Embora enfrentando os desafios da ascensão das transmissões automáticas e dos veículos eléctricos, os sistemas Synchromesh continuam a ser relevantes devido à sua relação custo-eficácia, eficiência de combustível e aceitação cultural. À medida que o mercado evolui, a inovação contínua e a adaptação às novas tecnologias garantirão que as transmissões sincronizadas continuem a desempenhar um papel vital no panorama automóvel da Índia.

Capítulo 4:

Introdução aos motores sincronizados

4.1. Definição e visão geral dos motores sincronizados

Os motores Synchromesh representam o auge da engenharia, incorporando precisão, eficiência e versatilidade no domínio da tecnologia de motores eléctricos. Na sua essência, os motores Synchromesh são dispositivos electromecânicos concebidos para sincronizar o movimento de vários componentes sem problemas, facilitando o controlo preciso e a transmissão eficiente de potência. Ao contrário dos motores convencionais, que dependem da fricção ou da inércia para a sincronização, os motores sincronizados empregam mecanismos e sistemas de controlo sofisticados para alcançar um desempenho ótimo numa vasta gama de condições de funcionamento.

O princípio fundamental subjacente aos motores sincronizados é a sincronização, em que a velocidade de rotação e a fase de diferentes componentes são alinhadas com precisão para garantir um funcionamento suave e eficiente. Esta sincronização é crucial para aplicações que requerem um controlo preciso do movimento, tais como sistemas de propulsão automóvel, automação industrial e robótica. Ao aproveitarem os mecanismos de sincronização, os motores sincronizados oferecem uma precisão, capacidade de resposta e eficiência sem paralelo, tornando-os indispensáveis na engenharia e fabrico modernos.

4.2. Antecedentes históricos e evolução da tecnologia dos motores sincronizados

A evolução da tecnologia dos motores sincronizados pode ser rastreada até ao início do século XX, uma época de rápida inovação e experimentação no campo da engenharia eléctrica. As primeiras tentativas de sincronizar o movimento em motores eléctricos remontam ao desenvolvimento de motores síncronos e motores de passo, que utilizavam rotação de velocidade fixa e posicionamento preciso para várias aplicações industriais.

No entanto, só em meados do século XX é que os avanços significativos nos mecanismos de sincronização abriram caminho para o aparecimento dos modernos motores sincronizados. A introdução de sistemas de controlo eletrónico, mecanismos de feedback e materiais avançados permitiu aos engenheiros conceberem motores capazes de sincronização dinâmica e controlo preciso do movimento. Este período assistiu ao desenvolvimento de servomotores, motores CC sem escovas e outras tecnologias avançadas de motores que lançaram as bases para o moderno motor sincronizado.

Ao longo das décadas, a tecnologia dos motores sincronizados continuou a evoluir, impulsionada pelas exigências das indústrias emergentes, como a automóvel, a aeroespacial e a robótica. Atualmente, os motores Synchromesh abrangem uma gama diversificada de designs, configurações e aplicações, reflectindo a procura contínua de inovação e otimização na tecnologia de motores eléctricos.

4.3. Importância e aplicações dos motores sincronizados em vários sectores

A importância dos motores sincronizados reside na sua capacidade de proporcionar um desempenho, uma eficiência e uma precisão sem paralelo numa vasta gama de aplicações industriais e comerciais. Desde a propulsão automóvel à automação industrial, os motores sincronizados desempenham um papel fundamental na alimentação de sistemas e processos essenciais, impulsionando a inovação e a produtividade em diversas indústrias.

Na indústria automóvel, os motores sincronizados são amplamente utilizados em sistemas de propulsão eléctricos e híbridos, oferecendo uma eficiência superior, controlo de binário e capacidades de travagem regenerativa em comparação com os motores de combustão tradicionais. Os veículos eléctricos (VE) dependem dos motores sincronizados para proporcionar uma aceleração suave, um desempenho dinâmico e uma autonomia alargada, impulsionando a transição para soluções de transporte sustentáveis.

Na automação industrial, os motores sincronizados funcionam como componentes críticos de máquinas e equipamentos utilizados no fabrico, logística e robótica. A sua capacidade de sincronizar o movimento e o controlo permite o posicionamento, a manipulação e o processamento precisos de materiais e produtos, aumentando a produtividade, a qualidade e o rendimento em vários processos industriais.

Além disso, os motores Synchromesh encontram aplicações nos sectores aeroespacial, marítimo, das energias renováveis e noutros sectores onde a precisão, a fiabilidade e a eficiência são fundamentais. Quer alimentem actuadores, bombas, transportadores ou braços robóticos, os motores Synchromesh contribuem para um melhor desempenho, segurança e sustentabilidade numa miríade de aplicações e indústrias.

Capítulo 5:

Princípios fundamentais dos motores sincronizados

5.1. Princípios básicos de funcionamento dos motores sincronizados

Os motores sincronizados funcionam com base no princípio fundamental da sincronização, em que a velocidade de rotação e a fase de vários componentes são alinhadas com precisão para garantir um funcionamento suave e eficiente. Ao contrário dos motores tradicionais, que podem depender da fricção ou da inércia para a sincronização, os motores sincronizados utilizam mecanismos e sistemas de controlo sofisticados para obter uma coordenação precisa do movimento.

No centro do funcionamento do motor sincronizado está a sincronização das velocidades de rotação entre o estator e o rotor, assegurando uma interação e transmissão de potência óptimas. Esta sincronização é essencial para aplicações que requerem um controlo preciso do movimento, tais como sistemas de propulsão automóvel, automação industrial e robótica.

Os motores Synchromesh utilizam princípios electromagnéticos para gerar movimento rotativo, em que a interação entre campos magnéticos e elementos condutores produz binário. Ao controlar a intensidade e a frequência do campo eletromagnético, os motores Synchromesh podem regular a velocidade e o sentido de rotação com precisão, permitindo uma integração perfeita em vários sistemas mecânicos.

5.2. Visão geral dos mecanismos de sincronização e sua importância

Os mecanismos de sincronização desempenham um papel crucial para assegurar o movimento coordenado de diferentes componentes nos motores sincronizados. Estes mecanismos facilitam o alinhamento preciso das velocidades e fases de rotação, minimizando a perda de energia e maximizando a eficiência durante o funcionamento.

Um mecanismo de sincronização comum utilizado nos motores sincronizados é a utilização de sensores de posição e sistemas de controlo de feedback. Estes sensores monitorizam a posição e a velocidade dos componentes rotativos, fornecendo feedback em tempo real ao sistema de controlo do motor. Ao ajustar as entradas eléctricas para o motor com base neste feedback, o sistema de controlo pode assegurar que o motor funciona à velocidade e direção desejadas, mesmo sob condições de carga variáveis.

Outro mecanismo de sincronização importante é a utilização da comutação eletrónica, em que o tempo das entradas eléctricas no motor é controlado com precisão para sincronizar a rotação do estator e do rotor. Esta técnica é normalmente utilizada em motores CC sem escovas e motores síncronos, em que os circuitos electrónicos são utilizados para determinar o momento ideal dos impulsos eléctricos aplicados aos enrolamentos do motor.

Para além da comutação eletrónica, os motores sincronizados podem também utilizar mecanismos de sincronização mecânica, tais como engrenagens, cames e embraiagens. Estes componentes mecânicos ajudam a assegurar que o movimento de rotação de diferentes partes do motor permanece sincronizado, mesmo sob condições de carga variáveis ou durante mudanças rápidas de velocidade.

De um modo geral, os mecanismos de sincronização são essenciais para otimizar o desempenho e a eficiência dos motores sincronizados, assegurando um funcionamento suave e preciso numa vasta gama de aplicações.

5.3. Introdução à construção do motor e componentes principais

Os motores Synchromesh são compostos por vários componentes chave, cada um com um papel vital na facilitação do funcionamento e desempenho do motor. A construção dos motores sincronizados foi concebida para otimizar a sincronização, a eficiência e a fiabilidade, tornando-os adequados para uma vasta gama de aplicações.

Um dos principais componentes dos motores sincronizados é o estator, que consiste num núcleo fixo rodeado por bobinas de fio. Quando uma corrente eléctrica é passada através destas bobinas, é gerado um campo magnético que interage com os elementos condutores no rotor para produzir binário e movimento de rotação.

O rotor é outro componente crítico dos motores sincronizados, sendo constituído por um conjunto rotativo com elementos condutores, tais como bobinas ou ímanes permanentes. A interação entre o campo magnético gerado pelo estator e os elementos condutores no rotor produz binário, fazendo com que o rotor rode e realize trabalho mecânico.

Para além do estator e do rotor, os motores sincronizados também podem incluir componentes auxiliares, tais como rolamentos, escovas e codificadores. Os rolamentos ajudam a suportar e a estabilizar os componentes rotativos do motor, reduzindo a fricção e o desgaste durante o funcionamento. As escovas são utilizadas para transferir energia eléctrica dos componentes fixos do motor para os componentes rotativos, assegurando o funcionamento contínuo do motor. Os codificadores são sensores que fornecem feedback sobre a posição e a velocidade dos componentes rotativos, permitindo um controlo preciso e a sincronização do funcionamento do motor.

De um modo geral, a construção dos motores sincronizados foi concebida para otimizar o desempenho, a eficiência e a fiabilidade, tornando-os adequados para uma vasta gama de aplicações industriais e comerciais. Ao compreender os princípios fundamentais subjacentes ao funcionamento do motor sincronizado e a importância dos mecanismos de sincronização, os engenheiros podem conceber e otimizar os motores para satisfazer os requisitos específicos das suas aplicações.

Capítulo 6:

Princípios electromagnéticos

6.1. Explicação das forças electromagnéticas e do seu papel no funcionamento do motor

As forças electromagnéticas são fundamentais para o funcionamento dos motores eléctricos, incluindo os motores sincronizados. Estas forças resultam da interação entre correntes eléctricas e campos magnéticos e desempenham um papel crucial na geração de movimento e binário no motor.

No coração de um motor elétrico está o princípio do eletromagnetismo, que afirma que uma corrente eléctrica que flui através de um condutor gera um campo magnético à sua volta. Este campo magnético interage com outros campos magnéticos, induzindo forças que podem causar movimento ou exercer binário em objectos próximos.

Num motor sincronizado, as forças electromagnéticas são utilizadas para produzir movimento de rotação, interagindo com o rotor, que é normalmente feito de material condutor, como o cobre ou o alumínio. Quando uma corrente eléctrica é passada através dos enrolamentos do estator, é gerado um campo magnético, que induz um campo magnético oposto no rotor devido às suas propriedades condutoras. A interação entre estes campos magnéticos produz uma força conhecida como força de Lorentz, que provoca a rotação do rotor.

A direção e a magnitude da força electromagnética dependem de vários factores, incluindo a intensidade do campo magnético, a corrente que flui através do condutor e o ângulo entre o campo magnético e o condutor. Ao controlar estes parâmetros, os engenheiros podem manipular o movimento e o binário gerado pelo motor, permitindo um controlo preciso e a otimização do desempenho do motor.

Em geral, as forças electromagnéticas são essenciais para o funcionamento dos motores sincronizados, fornecendo a força motriz por detrás do movimento de rotação e da geração de binário dentro do motor.

6.2. Princípios dos campos magnéticos e da indução

Os campos magnéticos são regiões do espaço onde as forças magnéticas exercem influência sobre materiais magnéticos ou cargas em movimento. Estes campos são criados por ímanes permanentes ou correntes eléctricas e desempenham um papel crucial no funcionamento dos motores eléctricos, incluindo os motores sincronizados.

Num motor sincronizado, os campos magnéticos são gerados pela passagem de uma corrente eléctrica através dos enrolamentos do estator, que são normalmente feitos de fio de cobre enrolado à volta de um núcleo magnético. Esta corrente cria um campo magnético que envolve o estator e interage com o rotor, induzindo um campo magnético oposto devido às propriedades condutoras do material do rotor.

A interação entre estes campos magnéticos produz uma força conhecida como força de Lorentz, que provoca a rotação do rotor. Esta rotação é impulsionada pela tendência dos campos magnéticos para se alinharem uns com os outros, resultando num binário que actua para alinhar o rotor com o campo magnético do estator.

A indução é outro princípio fundamental do eletromagnetismo que desempenha um papel crucial no funcionamento do motor. Refere-se ao processo pelo qual um campo magnético variável induz uma corrente eléctrica num condutor próximo, de acordo com a lei de Faraday da indução electromagnética. Num motor sincronizado, a indução ocorre quando o campo magnético gerado pelos enrolamentos do estator induz uma corrente eléctrica no rotor, que por sua vez produz o seu próprio campo magnético. Este campo magnético induzido interage com o campo magnético do estator, produzindo a força de Lorentz que impulsiona a rotação do rotor.

Em geral, os princípios dos campos magnéticos e da indução são essenciais para compreender o funcionamento dos motores sincronizados e o papel das forças electromagnéticas na geração de movimento e binário no motor.

6.3. Relação entre a corrente eléctrica, o fluxo magnético e a geração de binário

A relação entre a corrente eléctrica, o fluxo magnético e a geração de binário é fundamental para o funcionamento dos motores sincronizados e de outros motores eléctricos. É regida pelas leis do eletromagnetismo e desempenha um papel crucial na determinação do desempenho e da eficiência do motor.

A corrente eléctrica que flui através dos enrolamentos do estator gera um campo magnético à volta do estator, conhecido como fluxo magnético. A intensidade deste campo magnético depende da magnitude da corrente e do número de voltas nos enrolamentos do estator. Ao aumentar ou diminuir a corrente que flui através dos enrolamentos, os engenheiros podem controlar a intensidade do campo magnético e, consequentemente, o binário gerado pelo motor.

A relação entre a corrente eléctrica, o fluxo magnético e a geração de binário é descrita pela lei de Ampère, que afirma que o campo magnético produzido por um condutor de corrente é proporcional à corrente que flui através do condutor. Isto significa que o aumento da corrente que flui através dos enrolamentos do estator irá aumentar a força do campo magnético e, consequentemente, o binário gerado pelo motor.

A geração de binário num motor sincronizado também é influenciada pela interação entre os campos magnéticos do estator e do rotor. Quando o campo magnético do estator interage com o campo magnético do rotor, produz um binário que actua para alinhar o rotor com o campo magnético do estator. Este binário é o que impulsiona a rotação do rotor e produz trabalho mecânico dentro do motor.

Em geral, a relação entre corrente eléctrica, fluxo magnético e geração de binário é fundamental para o funcionamento dos motores sincronizados e desempenha um papel crucial na determinação do desempenho e eficiência do motor. Ao compreender e manipular estes parâmetros, os engenheiros podem conceber e otimizar os motores para satisfazer os requisitos específicos das suas aplicações.

Capítulo 7:

Construção e componentes do motor

7.1. Discussão pormenorizada da conceção do estator e do rotor

O estator e o rotor são os componentes primários dos motores sincronizados, desempenhando cada um deles um papel crítico na facilitação do funcionamento e desempenho do motor.

7.1.1 Conceção do estator: O estator é a parte estacionária do motor, consistindo num núcleo feito de material magnético rodeado por bobinas de fio conhecidas como enrolamentos do estator. Estes enrolamentos são tipicamente feitos de fio de cobre enrolado à volta do núcleo do estator e são responsáveis por gerar o campo magnético que interage com o rotor para produzir binário.

O design do estator é optimizado para maximizar a eficiência e o desempenho do motor. Isto inclui considerações como o número de enrolamentos do estator, a forma e o tamanho do núcleo do estator e a disposição dos enrolamentos dentro do núcleo. Ao conceber cuidadosamente o estator, os engenheiros podem garantir que o motor funciona à velocidade e ao binário de saída desejados, minimizando a perda de energia e a produção de calor.

7.1.2 Conceção do rotor: O rotor é a parte rotativa do motor, normalmente feito de material condutor como o cobre ou o alumínio. O rotor interage com o campo magnético gerado pelo estator para produzir binário e movimento de rotação.

Existem vários tipos diferentes de design de rotor utilizados em motores sincronizados, cada um oferecendo vantagens e limitações específicas. Um tipo comum é o rotor em gaiola de esquilo, que consiste num núcleo cilíndrico feito de chapas de aço laminadas com barras condutoras ou condutores em "gaiola de esquilo" incorporados. Quando o campo magnético do estator interage com o rotor, são induzidas correntes nos condutores da gaiola de esquilo, produzindo binário e fazendo rodar o rotor.

Outro tipo de design de rotor é o rotor bobinado, que consiste num núcleo de aço laminado com enrolamentos de fio enrolados à sua volta. As extremidades dos enrolamentos de arame estão ligadas a anéis deslizantes, que permitem fazer ligações eléctricas externas ao rotor. Quando uma corrente eléctrica é passada através dos enrolamentos do rotor, é gerado um campo magnético que interage com o campo magnético do estator para produzir binário e rotação.

A conceção do rotor é fundamental para otimizar o desempenho e a eficiência do motor. Factores como a forma e o tamanho do núcleo do rotor, o número de condutores ou enrolamentos e a disposição dos condutores dentro do núcleo influenciam a saída de binário e a velocidade do motor.

7.2. Explicação dos Mecanismos de Sincronização Utilizados nos Motores Sincronizados

Os mecanismos de sincronização são essenciais para assegurar que o movimento de rotação do estator e do rotor permanece sincronizado, mesmo sob condições de carga variáveis ou durante mudanças rápidas de velocidade. Estes mecanismos ajudam a minimizar a perda de energia e a maximizar a eficiência, assegurando que o motor funciona à velocidade e ao binário de saída desejados.

Um mecanismo de sincronização comum utilizado nos motores sincronizados é a comutação eletrónica, em que o tempo das entradas eléctricas no motor é controlado com precisão para sincronizar a rotação do estator e do rotor. Esta técnica é normalmente utilizada em motores CC sem escovas e em motores síncronos, em que são utilizados circuitos electrónicos para determinar a temporização ideal dos impulsos eléctricos aplicados aos enrolamentos do motor.

Outro mecanismo de sincronização utilizado nos motores sincronizados é a sincronização mecânica, em que são utilizadas engrenagens, cames ou embraiagens para garantir que o movimento de rotação das diferentes partes do motor permanece sincronizado. Estes componentes mecânicos ajudam a manter o alinhamento e a sincronização correctos do estator e do rotor, mesmo em condições de carga variáveis ou durante mudanças rápidas de velocidade.

Para além dos mecanismos de sincronização electrónicos e mecânicos, os motores sincronizados podem também utilizar sistemas de controlo de feedback para monitorizar a posição e a velocidade dos componentes rotativos e ajustar o funcionamento do motor em conformidade. Estes sistemas de controlo de feedback ajudam a garantir que o motor funciona à velocidade e ao binário de saída desejados, mesmo em condições de carga variáveis ou durante mudanças rápidas de velocidade.

De um modo geral, os mecanismos de sincronização são essenciais para otimizar o desempenho e a eficiência dos motores sincronizados, assegurando um funcionamento suave e preciso numa vasta gama de aplicações.

7.3. Visão geral dos componentes auxiliares, tais como rolamentos, escovas e codificadores

Para além do estator e do rotor, os motores sincronizados podem incluir componentes auxiliares, tais como rolamentos, escovas e codificadores, desempenhando cada um deles um papel crucial na facilitação do funcionamento e desempenho do motor.

Rolamentos: Os rolamentos são utilizados para suportar e estabilizar os componentes rotativos do motor, reduzindo a fricção e o desgaste durante o funcionamento. Ajudam a garantir que o rotor roda de forma suave e eficiente dentro do estator, minimizando a perda de energia e maximizando o desempenho do motor.

Existem vários tipos diferentes de rolamentos utilizados nos motores sincronizados, incluindo rolamentos de esferas, rolamentos de rolos e rolamentos de manga. Cada tipo oferece vantagens e limitações específicas em termos de capacidade de carga, capacidade de velocidade e durabilidade.

Escovas: As escovas são utilizadas para transferir energia eléctrica dos componentes estacionários do motor para os componentes rotativos, assegurando o funcionamento contínuo do motor. São normalmente constituídas por material condutor, como carbono ou grafite, e são montadas na carcaça do motor em contacto com os anéis deslizantes ou comutador.

As escovas ajudam a manter a continuidade eléctrica entre as partes estacionárias e rotativas do motor, permitindo que a corrente eléctrica flua através dos enrolamentos e produza o campo magnético necessário para o funcionamento do motor. Devem ser cuidadosamente concebidas e mantidas para minimizar o desgaste e garantir um desempenho fiável durante a vida útil do motor.

Codificadores: Os codificadores são sensores que fornecem feedback sobre a posição e a velocidade dos componentes rotativos do motor, permitindo um controlo preciso e a sincronização do funcionamento do motor. São normalmente constituídos por um disco rotativo com ranhuras ou marcações, juntamente com sensores que detectam a posição e a velocidade do disco à medida que este roda.

Os codificadores ajudam a garantir que o motor funciona à velocidade e ao binário de saída desejados, mesmo em condições de carga variáveis ou durante mudanças rápidas de velocidade. Fornecem feedback em tempo real ao sistema de controlo do motor, permitindo-lhe ajustar o funcionamento do motor em conformidade e otimizar o desempenho e a eficiência.

Em geral, os componentes auxiliares, como rolamentos, escovas e codificadores, são essenciais para facilitar o funcionamento e o desempenho do motor, garantindo um funcionamento suave e fiável numa vasta gama de aplicações. Ao compreender o papel destes componentes e a forma como interagem com o estator e o rotor, os engenheiros podem conceber e otimizar os motores sincronizados para satisfazer os requisitos específicos das suas aplicações.

Capítulo 8:

Sistemas de controlo e mecanismos de feedback

8.1. Introdução à teoria de controlo e sua aplicação no controlo de motores

A teoria do controlo é um aspeto fundamental da engenharia que trata da conceção e análise de sistemas para alcançar o comportamento desejado. No contexto dos motores sincronizados, a teoria do controlo é aplicada para regular o funcionamento do motor, assegurando um desempenho e uma eficiência óptimos.

8.1.1 Conceitos básicos da teoria do controlo: A teoria de controlo engloba vários conceitos-chave, incluindo feedback, sistemas de controlo e análise de estabilidade. Na sua essência, a teoria do controlo visa manipular as entradas de um sistema de modo a obter as saídas desejadas, minimizando os erros e as perturbações.

8.1.2 Aplicação no controlo de motores: No controlo de motores, a teoria de controlo é aplicada para regular a velocidade, o binário e a posição do motor, assegurando um funcionamento preciso e eficiente. Isto envolve a conceção de sistemas de controlo que monitorizam o desempenho do motor e ajustam as suas entradas em conformidade para atingir os objectivos de desempenho desejados.

8.2. Visão geral dos mecanismos de feedback e do seu papel na otimização do desempenho motor

Os mecanismos de feedback desempenham um papel crucial na otimização do desempenho do motor, fornecendo informações em tempo real sobre o desempenho do motor e permitindo a realização de ajustes nas suas entradas.

8.2.1 Tipos de mecanismos de realimentação: Existem vários tipos de mecanismos de feedback utilizados no controlo do motor, incluindo feedback de posição, feedback de velocidade e feedback de binário. Estes mecanismos envolvem sensores que medem os parâmetros relevantes do motor e fornecem feedback ao sistema de controlo.

8.2.2 Papel na otimização do desempenho do motor: Os mecanismos de feedback permitem que o sistema de controlo monitorize o desempenho do motor e faça ajustes às suas entradas em tempo real. Isto permite que o motor funcione com a velocidade, binário e posição desejados, mesmo sob condições de carga variáveis ou perturbações.

8.3. Explicação dos circuitos de controlo PID e outros algoritmos de controlo

Os circuitos de controlo PID são um algoritmo de controlo comummente utilizado no controlo de motores, proporcionando um método simples e eficaz para regular o desempenho do motor.

8.3.1 Visão geral dos circuitos de controlo PID: Os circuitos de controlo PID utilizam três acções de controlo básicas - proporcional, integral e derivativo - para regular o desempenho do motor. A ação proporcional ajusta a entrada do motor com base no erro atual, a ação integral integra o erro ao longo do tempo para eliminar erros de estado estacionário e a ação derivativa antecipa erros futuros com base na taxa de variação do erro.

8.3.2 Outros Algoritmos de Controlo: Para além dos circuitos de controlo PID, existem vários outros algoritmos de controlo utilizados no controlo de motores, incluindo o controlo lógico difuso, o controlo adaptativo e o controlo preditivo de modelos. Estes algoritmos oferecem vantagens e limitações únicas, dependendo dos requisitos específicos do motor e da sua aplicação.

8.4. Implementação de Sistemas de Controlo e Mecanismos de Realimentação em Motores Sincronizados

Nos motores sincronizados, os sistemas de controlo e os mecanismos de feedback são implementados utilizando uma combinação de componentes de hardware e software. Os sensores são utilizados para medir os parâmetros relevantes do motor, como a velocidade, o binário e a posição, e fornecem feedback ao sistema de controlo.

O sistema de controlo processa este feedback e ajusta as entradas do motor de forma a atingir os objectivos de desempenho desejados. Isto pode envolver o ajuste da tensão ou da corrente aplicada aos enrolamentos do motor, a alteração do tempo dos impulsos eléctricos ou a modificação de outros parâmetros do sistema de controlo do motor.

Ao monitorizar continuamente o desempenho do motor e ao fazer ajustes em tempo real, os sistemas de controlo e os mecanismos de feedback permitem que os motores sincronizados funcionem com a máxima eficiência e desempenho numa vasta gama de condições de funcionamento.

Capítulo 9:

Tipos de motores sincronizados

Os motores Synchromesh representam uma categoria diversificada de motores eléctricos caracterizados pelos seus sofisticados mecanismos de sincronização, controlo preciso e transmissão de potência eficiente. Estes motores encontram aplicações em várias indústrias, incluindo a automóvel, a automação industrial, a aeroespacial e a robótica, onde o controlo preciso do movimento e a sincronização são essenciais.

9.1. Classificação dos motores sincronizados

Os motores sincronizados podem ser classificados com base em vários critérios, incluindo a construção, a aplicação e o mecanismo de sincronização.

9.1.1 Classificação com base na construção:

a) **Motores síncronos:** Os motores síncronos têm um rotor que roda à mesma velocidade que o campo magnético rotativo produzido pelo estator. Estes motores são conhecidos pela sua elevada eficiência, controlo preciso da velocidade e funcionamento a velocidade constante. São normalmente utilizados em aplicações em que é necessário um controlo preciso da velocidade, como a automação industrial, a robótica e os sistemas de controlo de movimentos.

b) **Motores de indução:** Os motores de indução têm um rotor que roda a uma velocidade ligeiramente inferior à velocidade do campo magnético rotativo produzido pelo estator. Estes motores são conhecidos pela sua construção robusta, simplicidade e fiabilidade. São amplamente utilizados em aplicações que requerem um binário de arranque elevado e uma manutenção reduzida, tais como bombas, ventiladores e compressores.

c) **Motores de corrente contínua sem escovas:** Os motores de corrente contínua sem escovas têm um rotor equipado com ímanes permanentes e não necessitam de escovas para a comutação. Estes motores são conhecidos pela sua elevada eficiência, baixa manutenção e controlo preciso da velocidade. São normalmente utilizados em aplicações em que é necessário um binário elevado, uma velocidade elevada e um controlo preciso da velocidade, tais como veículos eléctricos, drones e unidades de disco de computador.

9.1.2 Classificação baseada em aplicações:

a) **Motores para automóveis:** Os motores Synchromesh são amplamente utilizados em aplicações automóveis, incluindo veículos eléctricos (EV), veículos híbridos e sistemas de direção assistida eléctrica. Nos VE, os motores Synchromesh proporcionam uma elevada eficiência, binário e densidade de potência, contribuindo para uma maior autonomia e um melhor desempenho. Nos sistemas de direção assistida eléctrica, os motores sincronizados oferecem um controlo e uma capacidade de resposta precisos, melhorando o comportamento e a segurança do veículo.

b) **Motores para automação industrial:** Na automação industrial, os motores sincronizados são utilizados numa vasta gama de aplicações, incluindo sistemas de transporte, robótica e máquinas CNC. Estes motores proporcionam um controlo preciso do movimento, um binário elevado e fiabilidade, permitindo soluções de automação eficientes e flexíveis.

c) **Motores aeroespaciais:** Os motores Synchromesh também são utilizados em aplicações aeroespaciais, incluindo actuadores de aeronaves, sistemas de controlo de voo e aviónica. Estes motores oferecem elevadas relações potência/peso, designs compactos e fiabilidade, o que os torna adequados para utilização em ambientes aeroespaciais exigentes.

9.1.3 Classificação baseada no mecanismo de sincronização:

a) **Sincronização eletrónica:** Na sincronização eletrónica, a temporização das entradas eléctricas para o motor é controlada com precisão para sincronizar a rotação do estator e do rotor. Esta técnica é normalmente utilizada em motores CC sem escovas, motores síncronos e motores de passo.

b) **Sincronização mecânica:** Na sincronização mecânica, são utilizados componentes mecânicos, como engrenagens, cames e embraiagens, para garantir que o movimento de rotação das diferentes partes do motor permanece sincronizado. Esta técnica é normalmente utilizada em transmissões automóveis e maquinaria industrial.

9.2 Comparação dos diferentes tipos de motores sincronizados

9.2.1 Vantagens e limitações dos motores síncronos:

a) Vantagens:

- Alta eficiência
- Controlo preciso da velocidade
- Funcionamento a velocidade constante

b) Limitações:

- Custo mais elevado em comparação com os motores de indução
- Requer equipamento externo de correção do fator de potência para melhorar o fator de potência

9.2.2 Vantagens e limitações dos motores de indução:

a) Vantagens:

- Construção robusta
- Simples e fiável
- Baixo custo

b) Limitações:

- Menor eficiência em comparação com os motores síncronos
- Gama de controlo de velocidade limitada

9.2.3 Vantagens e limitações dos motores CC sem escovas:

a) Vantagens:

- Alta eficiência
- Manutenção reduzida
- Controlo preciso da velocidade

b) Limitações:

- Custo mais elevado em comparação com os motores DC com escovas
- Requer sistemas de controlo eletrónico complexos

9.2.4 Vantagens e limitações da sincronização eletrónica:

a) Vantagens:

- Controlo preciso da velocidade e posição do motor
- Alta eficiência

b) Limitações:

- Algoritmos de controlo complexos
- Suscetível a interferências electromagnéticas

9.3. Vantagens e limitações da sincronização mecânica:

a) Vantagens:

- Simples e robusto
- Funcionamento fiável

b) Limitações:

- Flexibilidade limitada em comparação com a sincronização eletrónica
- Maior complexidade mecânica

Capítulo 10:

Características de desempenho

Compreender as características de desempenho dos motores sincronizados é essencial para otimizar o seu funcionamento e maximizar a eficiência em várias aplicações. Esta secção irá aprofundar as principais métricas de desempenho, como o binário, a velocidade, a eficiência e a potência de saída, explorando os factores que influenciam o desempenho do motor e os métodos de otimização. Além disso, estudos de casos reais ilustrarão as características de desempenho dos motores sincronizados em diferentes sectores.

10.1 Análise das principais métricas de desempenho

10.1.1 Binário: O binário é uma métrica de desempenho crucial que mede a força de rotação produzida pelo motor. Nos motores sincronizados, a saída de binário é influenciada por factores como a força do campo magnético, o número de voltas nos enrolamentos do estator e o design do rotor. Um binário mais elevado permite ao motor executar tarefas que requerem maior potência mecânica, como levantar cargas pesadas ou acelerar veículos.

10.1.2 Velocidade: A velocidade refere-se à velocidade de rotação do eixo do motor e é normalmente medida em rotações por minuto (RPM). A velocidade de um motor sincronizado depende de factores como a frequência da alimentação eléctrica, o número de pólos no motor e a carga no motor. Os motores sincronizados são capazes de um controlo preciso da velocidade, o que os torna adequados para aplicações que requerem um funcionamento consistente e de velocidade variável.

10.1.3 Eficiência: A eficiência é uma medida da eficácia com que o motor converte a energia eléctrica em trabalho mecânico. Nos motores sincronizados, a eficiência é influenciada por factores como o design do motor, a qualidade dos materiais utilizados e os algoritmos de controlo utilizados. Uma maior eficiência significa menos perda de energia e custos de funcionamento reduzidos, tornando os motores sincronizados uma escolha atractiva para aplicações que se preocupam com a energia.

10.1.4 Potência de saída: A potência de saída refere-se à taxa a que o motor pode efetuar trabalho mecânico e é calculada como o produto do binário e da velocidade. Os motores sincronizados com uma potência de saída mais elevada podem proporcionar um maior desempenho mecânico, permitindo-lhes acionar cargas pesadas ou funcionar a velocidades mais elevadas.

10.2 Factores que influenciam o desempenho e a otimização do motor

10.2.1 Considerações sobre a conceção: A conceção dos motores sincronizados desempenha um papel significativo na determinação das suas características de desempenho. Factores como a seleção de materiais, a configuração do estator e do rotor e a otimização das propriedades electromagnéticas podem influenciar o binário, a velocidade, a eficiência e a potência de saída.

10.2.2 Sistemas de controlo e mecanismos de feedback: A implementação de sistemas de controlo avançados e de mecanismos de feedback pode melhorar o desempenho e a eficiência do motor. Os algoritmos de controlo, tais como os circuitos PID, permitem uma regulação precisa da velocidade e do binário do motor, enquanto os mecanismos de feedback fornecem dados em tempo real sobre o funcionamento do motor, permitindo a realização de ajustes para um desempenho ótimo.

10.2.3 Condições de carga: A carga no motor tem um impacto direto nas suas características de desempenho. As cargas mais pesadas requerem uma saída de binário mais elevada, enquanto as cargas variáveis podem necessitar de ajustes na velocidade e na saída de potência. Os motores Synchromesh devem ser concebidos para acomodar uma vasta gama de condições de carga, assegurando um desempenho consistente em diferentes cenários de funcionamento.

10.2.4 Factores ambientais: As condições ambientais, como a temperatura, a humidade e a vibração, podem afetar o desempenho e a fiabilidade do motor. Os motores sincronizados devem ser concebidos para suportar ambientes de funcionamento difíceis, mantendo o desempenho e a eficiência ideais.

10.3 Estudos de caso que ilustram as características de desempenho

10.3.1 Aplicação no sector automóvel: Propulsão de veículos eléctricos Na indústria automóvel, os motores sincronizados desempenham um papel crucial nos sistemas de propulsão de veículos eléctricos. Os estudos de caso demonstraram que os motores sincronizados oferecem um binário elevado, um controlo preciso da velocidade e um fornecimento de potência eficiente, resultando numa aceleração e autonomia superiores em comparação com os motores de combustão tradicionais. Ao otimizar a conceção do motor e os algoritmos de controlo, os fabricantes de veículos eléctricos obtiveram ganhos de desempenho significativos, impulsionando a adoção generalizada da tecnologia de propulsão eléctrica.

10.3.2 Automação industrial: Sistemas de transporte Na automação industrial, os motores sincronizados são normalmente utilizados em sistemas de transporte para manuseamento e processamento de materiais. Os estudos de caso demonstraram que os motores sincronizados oferecem um binário elevado, controlo de velocidade variável e eficiência energética, permitindo um funcionamento suave e fiável dos sistemas de transporte em instalações de produção e armazéns. Ao integrar sistemas de controlo avançados e mecanismos de feedback, os fabricantes optimizaram o desempenho do motor e minimizaram o tempo de inatividade, o que resultou num aumento da produtividade e na redução dos custos.

10.3.3 Aplicação no sector aeroespacial: Actuadores de aeronaves Na indústria aeroespacial, os motores Synchromesh são utilizados em actuadores de aeronaves para sistemas de controlo de voo e aviónicos. Estudos de caso demonstraram que os motores sincronizados oferecem elevadas relações potência-peso, designs compactos e controlo preciso, tornando-os ideais para utilização em ambientes aeroespaciais exigentes. Ao otimizar o design do motor e ao empregar algoritmos de controlo avançados, os fabricantes aeroespaciais conseguiram uma atuação precisa e fiável, garantindo o funcionamento seguro e eficiente dos sistemas das aeronaves.

Capítulo 11:

Aplicações dos motores sincronizados

Os motores Synchromesh revolucionaram várias indústrias com o seu controlo preciso, transmissão de potência eficiente e desempenho versátil. Esta secção fornecerá uma visão geral das diversas aplicações dos motores Synchromesh em várias indústrias, apresentará estudos de casos que destacam aplicações específicas na indústria automóvel, aeroespacial, robótica e automação industrial e discutirá as tendências futuras e as aplicações emergentes dos motores Synchromesh.

11.1 Visão geral das diversas aplicações

11.1.1 Indústria automóvel: Os motores Synchromesh desempenham um papel fundamental na indústria automóvel, alimentando veículos eléctricos (EVs), veículos híbridos e vários subsistemas de veículos. Nos VE, os motores sincronizados proporcionam um binário elevado, um fornecimento de potência eficiente e um controlo preciso, contribuindo para uma maior aceleração, autonomia e eficiência energética. Além disso, os motores sincronizados são utilizados em sistemas de direção assistida eléctrica, sistemas de travagem regenerativa e sistemas de propulsão de veículos, o que realça ainda mais a sua versatilidade e importância nas aplicações automóveis modernas.

11.1.2 Sector aeroespacial: No sector aeroespacial, os motores sincronizados são utilizados numa vasta gama de aplicações, incluindo actuadores de aeronaves, sistemas de controlo de voo e aviónica. Estes motores oferecem elevadas relações peso-potência, designs compactos e controlo preciso, o que os torna ideais para utilização em ambientes aeroespaciais exigentes. Os motores Synchromesh garantem um acionamento preciso e fiável, permitindo o funcionamento seguro e eficiente dos sistemas das aeronaves e contribuindo para o avanço da tecnologia aeroespacial.

11.1.3 Robótica e automação: Os motores Synchromesh são parte integrante dos sistemas de robótica e automação, proporcionando um controlo preciso do movimento, um elevado binário de saída e uma transmissão de potência eficiente. Estes motores são utilizados em braços robóticos, máquinas CNC, linhas de montagem automatizadas e robôs industriais, permitindo processos de fabrico flexíveis e eficientes. Os motores Synchromesh aumentam a produtividade, a precisão e a fiabilidade em aplicações de robótica e automação, impulsionando a inovação e o progresso nas indústrias transformadoras.

11.1.4 Automação industrial: Na automação industrial, os motores sincronizados são utilizados numa gama diversificada de aplicações, incluindo sistemas de transporte, bombas, compressores e equipamento de manuseamento de materiais. Estes motores oferecem um binário elevado, controlo de velocidade variável e eficiência energética, permitindo um funcionamento suave e fiável dos processos industriais. Os motores Synchromesh optimizam a produtividade, reduzem o tempo de inatividade e melhoram a eficiência global em aplicações de automação industrial, aumentando a competitividade e a rentabilidade das empresas.

11.2 Estudos de caso

11.2.1 Aplicação no sector automóvel: Veículo elétrico Tesla Model S: O veículo elétrico Tesla Model S utiliza motores sincronizados para propulsão, oferecendo uma aceleração, autonomia e eficiência energética impressionantes. A configuração de motor duplo proporciona capacidade de tração a todas as rodas, melhorando a tração e a estabilidade em várias condições de condução. Os motores Synchromesh permitem um fornecimento preciso de binário e travagem regenerativa, maximizando a recuperação de energia e aumentando a autonomia de condução. O Tesla Model S demonstra o potencial transformador dos motores Synchromesh para revolucionar a indústria automóvel no sentido de uma mobilidade sustentável e eléctrica.

11.2.2 Aplicação no sector aeroespacial: Boeing 787 Dreamliner: O avião Boeing 787 Dreamliner utiliza motores Synchromesh em vários actuadores e sistemas de controlo de voo, assegurando um acionamento preciso e fiável das superfícies de controlo de voo e dos aviónicos. Os motores Synchromesh proporcionam elevadas relações potência/peso, designs compactos e capacidades de controlo avançadas, permitindo operações de voo seguras e eficientes. O Boeing 787 Dreamliner demonstra o papel fundamental dos motores Synchromesh na melhoria do desempenho, segurança e eficiência de combustível das aeronaves.

11.2.3 Aplicação de robótica: Robô industrial da Fanuc Robotics: A Fanuc Robotics utiliza motores sincronizados nos seus robôs industriais para um controlo preciso do movimento, funcionamento a alta velocidade e automação eficiente. Estes motores permitem que os robôs Fanuc executem uma vasta gama de tarefas no fabrico, incluindo soldadura, pintura, montagem e manuseamento de materiais. Os motores Synchromesh garantem precisão, fiabilidade e produtividade em aplicações de automação robótica, permitindo aos fabricantes alcançar uma produção de alta qualidade e excelência operacional.

11.2.4 Aplicação de automação industrial: Sistemas de transporte da Siemens A Siemens utiliza motores sincronizados nos seus sistemas de transporte para manuseamento e processamento de materiais em várias indústrias, incluindo a automóvel, alimentar e de bebidas, e logística. Estes motores oferecem um binário elevado, controlo de velocidade variável e eficiência energética, permitindo um funcionamento suave e fiável das correias transportadoras e dos sistemas de transporte. Os motores Synchromesh optimizam a produtividade, minimizam o tempo de inatividade e melhoram a eficiência operacional em aplicações de automação industrial, aumentando o rendimento e a rentabilidade das empresas.

11.3 Tendências futuras e aplicações emergentes

11.3.1 Revolução da mobilidade eléctrica: A revolução da mobilidade eléctrica está a impulsionar a adoção generalizada de motores sincronizados em veículos eléctricos, scooters, bicicletas e outras formas de transporte elétrico. Os avanços na tecnologia das baterias, na conceção dos motores e na eletrónica de potência estão a acelerar ainda mais a transição para soluções de mobilidade sustentáveis e eléctricas. Os motores Synchromesh continuarão a desempenhar um papel crucial na viabilização de sistemas de transporte eficientes e amigos do ambiente, reduzindo as emissões e mitigando as alterações climáticas.

11.3.2 Indústria 4.0 e fabrico inteligente: As iniciativas da Indústria 4.0 e do fabrico inteligente estão a impulsionar a integração de motores Synchromesh com tecnologias avançadas de automação, inteligência artificial e Internet das Coisas (IoT). Os motores Synchromesh irão alimentar sistemas de fabrico interconectados e inteligentes, permitindo a monitorização em tempo real, a manutenção preditiva e o controlo adaptativo. Estes motores apoiarão processos de produção flexíveis e ágeis, melhorando a produtividade, a qualidade e a competitividade na era da transformação digital.

11.3.3 Sistemas autónomos e robótica: Os sistemas autónomos e a robótica estão preparados para revolucionar várias indústrias, incluindo os transportes, os cuidados de saúde, a agricultura e a logística. Os motores Synchromesh serão parte integrante dos veículos autónomos, drones, veículos aéreos não tripulados (UAV) e plataformas robóticas, proporcionando um controlo preciso dos movimentos, uma elevada fiabilidade e uma transmissão de energia eficiente. Estes motores permitirão que os sistemas autónomos naveguem em ambientes complexos, executem tarefas de forma autónoma e revolucionem a forma como trabalhamos e vivemos.

Capítulo 12:

Manutenção e resolução de problemas

A manutenção é um aspeto crítico para assegurar o desempenho ótimo e a longevidade dos motores de sincronização. Nesta secção, discutiremos orientações para procedimentos de manutenção para manter os motores sincronizados a funcionar sem problemas, problemas comuns encontrados com estes motores, técnicas de resolução de problemas para diagnosticar e resolver problemas e melhores práticas para estratégias de manutenção preventiva e preditiva.

12.1 Directrizes para os procedimentos de manutenção

12.1.1 Inspeção regular: A inspeção regular dos motores sincronizados é essencial para identificar precocemente potenciais problemas e evitar avarias dispendiosas. Inspeccione os componentes do motor, tais como rolamentos, escovas e codificadores, para detetar sinais de desgaste ou danos. Verifique se existem ligações soltas, calor excessivo ou ruídos anormais durante o funcionamento.

12.1.2 Lubrificação: A lubrificação adequada é crucial para reduzir o atrito e o desgaste nos motores de sincronização. Siga as recomendações do fabricante relativamente aos intervalos de lubrificação e utilize os lubrificantes adequados para os componentes do motor, tais como rolamentos e engrenagens. Certifique-se de que os pontos de lubrificação estão acessíveis e devidamente vedados para evitar a contaminação.

12.1.3 Limpeza: A limpeza regular ajuda a remover a sujidade, o pó e os detritos que se podem acumular nos componentes do motor e prejudicar o desempenho. Utilize ar comprimido ou uma escova macia para limpar as superfícies do motor, tendo cuidado para não danificar os componentes sensíveis. Evite utilizar produtos químicos ou solventes agressivos que possam danificar o isolamento ou os revestimentos do motor.

12.1.4 Monitorização da temperatura: A monitorização da temperatura do motor é importante para evitar o sobreaquecimento e danos térmicos. Utilize sensores de temperatura ou câmaras de imagem térmica para monitorizar a temperatura do motor durante o funcionamento e tome medidas correctivas se as temperaturas excederem os limites de segurança. Certifique-se de que os sistemas de arrefecimento do motor, tais como ventoinhas ou saídas de ar, estão livres de obstruções e a funcionar corretamente.

12.1.5 Testes eléctricos: Efectue testes eléctricos nos motores sincronizados para garantir uma tensão, corrente e resistência de isolamento adequadas. Utilize um multímetro ou um aparelho de teste da resistência do isolamento para medir os parâmetros eléctricos e identificar potenciais problemas, tais como curto-circuitos ou rutura do isolamento. Verifique os enrolamentos do motor quanto a sinais de sobreaquecimento ou degradação do isolamento.

12.2 Problemas comuns e técnicas de resolução de problemas

12.2.1 Falha da chumaceira: A falha da chumaceira é um problema comum nos motores sincronizados devido às altas velocidades e cargas a que funcionam. Os sintomas de falha do rolamento incluem ruído excessivo, vibração e aumento da temperatura. Para resolver problemas de rolamentos, inspeccione os rolamentos quanto a sinais de desgaste ou danos e substitua-os se necessário. Certifique-se de que os rolamentos estão corretamente lubrificados e alinhados para evitar falhas prematuras.

12.2.2 Problemas eléctricos: Podem ocorrer problemas eléctricos nos motores sincronizados, tais como curto-circuitos, circuitos abertos ou rutura do isolamento. Os sintomas podem incluir funcionamento intermitente, sobreaquecimento do motor ou formação de arcos eléctricos. Para resolver problemas eléctricos, realize testes eléctricos para identificar a origem do problema e repare ou substitua os componentes defeituosos conforme necessário. Certifique-se de que as ligações eléctricas estão seguras e devidamente isoladas para evitar riscos eléctricos.

12.2.3 Problemas mecânicos: Os problemas mecânicos, tais como desalinhamento, desequilíbrio ou componentes desgastados, podem afetar o desempenho dos motores sincronizados. Os sintomas podem incluir ruído excessivo, vibração ou eficiência reduzida. Para resolver problemas mecânicos, inspeccione os componentes do motor para detetar sinais de desgaste ou danos e resolva os problemas encontrados. Efectue verificações de alinhamento, equilibre os rotores e substitua os componentes gastos ou danificados para restaurar o desempenho do motor.

12.2.4 Falhas no sistema de controlo: As avarias do sistema de controlo podem fazer com que os motores de sincronização funcionem de forma errática ou com mau funcionamento. Os sintomas podem incluir velocidade errática, flutuações de binário ou perda de controlo. Para solucionar problemas de falhas do sistema de controlo, verifique os parâmetros de controlo do motor, os sinais de feedback e a lógica de controlo quanto a erros ou inconsistências. Reponha os parâmetros de controlo, calibre os sensores ou reprograme os algoritmos de controlo, conforme necessário, para restabelecer o funcionamento correto.

12.3 Melhores práticas para estratégias de manutenção preventiva e de manutenção preditiva

12.3.1 Manutenção preventiva: A manutenção preventiva envolve a realização de inspecções de rotina, lubrificação e limpeza para evitar potenciais problemas antes que estes ocorram. Estabeleça um calendário de manutenção com base nas recomendações do fabricante e nas condições de funcionamento. Mantenha registos detalhados das actividades de manutenção e monitorize o desempenho do motor ao longo do tempo para identificar tendências ou anomalias.

12.3.2 Manutenção preditiva: A manutenção preditiva utiliza técnicas baseadas em dados, como a análise de vibrações, imagens térmicas e monitorização de condições, para prever quando é necessária a manutenção. Implemente estratégias de manutenção preditiva para identificar antecipadamente potenciais problemas e otimizar os intervalos de manutenção. Utilize ferramentas e tecnologias de manutenção preditiva para monitorizar o estado do motor em tempo real e dar prioridade às actividades de manutenção com base na criticidade e no risco.

12.3.3 Manutenção baseada na condição: A manutenção baseada na condição combina técnicas de manutenção preventiva e preditiva para otimizar as estratégias de manutenção com base na condição real do motor. Implementar sistemas de monitorização do estado para monitorizar continuamente o desempenho do motor e os indicadores de saúde. Utilizar a análise de dados e algoritmos de aprendizagem automática para analisar os dados de monitorização do estado e otimizar os planos de manutenção de forma dinâmica.

Capítulo 13:

Conceitos-chave e direcções futuras

13.1. Conceitos e princípios fundamentais

Ao longo deste livro, explorámos os fundamentos, as aplicações, a manutenção e a resolução de problemas dos motores sincronizados, aprofundando a sua construção, os princípios de funcionamento, as características de desempenho e a importância em vários sectores.

Começámos por compreender os princípios básicos subjacentes aos motores sincronizados, incluindo as forças electromagnéticas, os campos magnéticos e a indução. Estes princípios constituem a base da tecnologia dos motores sincronizados, permitindo um controlo preciso, uma transmissão de potência eficiente e um desempenho fiável.

Em seguida, explorámos a construção e os componentes dos motores sincronizados, incluindo a conceção de estatores e rotores, mecanismos de sincronização e componentes auxiliares, tais como rolamentos, escovas e codificadores. Compreender a construção dos motores sincronizados é crucial para otimizar o desempenho, a fiabilidade e a longevidade.

Em seguida, discutimos os sistemas de controlo e os mecanismos de feedback utilizados nos motores sincronizados, incluindo a teoria do controlo, os circuitos de controlo PID e os mecanismos de feedback. Estes sistemas permitem uma regulação precisa do desempenho do motor, assegurando uma velocidade, binário e eficiência óptimos em várias condições de funcionamento.

Também examinámos as diversas aplicações dos motores Synchromesh em indústrias como a automóvel, a aeroespacial, a robótica e a automação industrial. Os motores Synchromesh desempenham um papel fundamental na alimentação de veículos eléctricos, actuadores de aeronaves, robôs industriais e sistemas de transporte, contribuindo para a eficiência, fiabilidade e inovação na engenharia moderna.

A manutenção e a resolução de problemas são aspectos essenciais para garantir o desempenho ótimo e a longevidade dos motores sincronizados. Discutimos directrizes para procedimentos de manutenção, problemas comuns encontrados com motores sincronizados e técnicas de resolução de problemas para diagnosticar e resolver problemas. Ao implementar estratégias de manutenção preventiva e preditiva, os operadores podem minimizar o tempo de inatividade, reduzir os custos de manutenção e prolongar a vida útil dos motores sincronizados.

13.2. Reflexão sobre o significado dos motores sincronizados

Os motores sincronizados surgiram como componentes essenciais na engenharia e tecnologia modernas, revolucionando as indústrias com o seu controlo preciso, transmissão de potência eficiente e desempenho versátil. A sua capacidade de fornecer um binário elevado, um controlo preciso da velocidade e um funcionamento fiável torna-os indispensáveis em aplicações que vão desde os veículos eléctricos aos sistemas de automação industrial.

Na indústria automóvel, os motores sincronizados estão a impulsionar a transição para a mobilidade sustentável e eléctrica, oferecendo um desempenho superior, emissões reduzidas e maior eficiência energética em comparação com os motores de combustão tradicionais. Os veículos eléctricos alimentados por motores sincronizados estão a remodelar o panorama dos transportes, abrindo caminho para um futuro mais limpo e mais ecológico.

Nas aplicações aeroespaciais, os motores sincronizados desempenham um papel crucial nos actuadores das aeronaves, sistemas de controlo de voo e aviónica, garantindo operações de voo seguras e eficientes. A sua elevada relação peso-potência, design compacto e capacidades de controlo precisas tornam-nos ideais para utilização em ambientes aeroespaciais exigentes, onde a fiabilidade e o desempenho são fundamentais.

Na robótica e na automação, os motores Synchromesh permitem um controlo preciso dos movimentos, um funcionamento a alta velocidade e uma transmissão de potência eficiente, permitindo aos fabricantes obter processos de produção flexíveis e eficientes. Os robôs industriais equipados com motores sincronizados executam tarefas com precisão e fiabilidade, aumentando a produtividade e a competitividade nas indústrias transformadoras.

Os motores Synchromesh representam a convergência da engenharia avançada, da ciência dos materiais e da teoria do controlo, ultrapassando os limites do que é possível na engenharia e tecnologia modernas. O seu desenvolvimento e aperfeiçoamento contínuos têm o potencial de desbloquear novas capacidades, aplicações e oportunidades em todos os sectores, alimentando a inovação e o progresso nos próximos anos.

13.3. Desenvolvimentos e avanços futuros

Olhando para o futuro, o futuro da tecnologia dos motores sincronizados apresenta possibilidades interessantes de avanços em termos de eficiência, desempenho e integração com tecnologias emergentes. Algumas áreas-chave de desenvolvimento e direcções futuras incluem:

13.3.1 Melhorias de eficiência: Espera-se que os futuros avanços na conceção do motor, materiais e técnicas de fabrico melhorem ainda mais a eficiência dos motores sincronizados. Reduzindo as perdas, optimizando os circuitos magnéticos e melhorando a gestão térmica, os engenheiros podem aumentar a eficiência do motor e a poupança de energia, tornando os motores sincronizados ainda mais atractivos para veículos eléctricos, sistemas de energia renovável e outras aplicações que se preocupam com a energia.

13.3.2 Integração com tecnologias inteligentes: Os motores Synchromesh estão preparados para se integrarem em tecnologias inteligentes, como a inteligência artificial, a aprendizagem automática e as plataformas da Internet das Coisas (IoT). Ao tirar partido da análise de dados, dos algoritmos de manutenção preditiva e dos sistemas de monitorização em tempo real, os operadores podem otimizar o desempenho do motor, prever falhas e resolver proactivamente os problemas antes que estes ocorram. Os motores sincronizados inteligentes permitirão que os sistemas autónomos, a robótica e a automação industrial funcionem de forma mais eficiente, fiável e autónoma.

13.3.3 Sistemas avançados de controlo e feedback: Os avanços na teoria do controlo, nos mecanismos de feedback e na tecnologia de sensores permitirão um controlo mais preciso dos motores sincronizados numa vasta gama de condições de funcionamento. Através do desenvolvimento de algoritmos de controlo avançados, sistemas de controlo adaptáveis e técnicas de fusão de sensores, os engenheiros podem melhorar o desempenho, a capacidade de resposta e a adaptabilidade do motor, permitindo que os motores sincronizados satisfaçam as necessidades em evolução das aplicações de engenharia modernas.

13.3.4 Miniaturização e integração: Os avanços nas tecnologias de miniaturização e integração permitirão o desenvolvimento de motores sincronizados mais pequenos, mais leves e mais compactos. Os motores sincronizados miniaturizados encontrarão aplicações em dispositivos portáteis, tecnologia vestível e micro-robótica, onde as restrições de espaço e peso são críticas. Os sistemas integrados de acionamento por motor simplificarão a instalação, reduzirão a complexidade e permitirão a compatibilidade plug-and-play com uma vasta gama de dispositivos e equipamentos.

Referências

1. Fitzgerald, A. E., Kingsley Jr, C., & Umans, S. D. (2003). Electric Machinery. McGraw-Hill Education.

2. Hughes, A. (2018). Motores e accionamentos eléctricos: Fundamentos, Tipos e Aplicações. Elsevier.

3. Boldea, I., & Nasar, S. A. (2013). O Manual da Máquina de Indução. CRC Press.

4. Pyrhönen, O., Jokinen, T., & Hrabovcová, V. (2013). Design of Rotating Electrical Machines. John Wiley & Sons.

5. Krause, P. C., Wasynczuk, O., & Sudhoff, S. D. (2013). Análise de máquinas eléctricas e sistemas de acionamento. John Wiley & Sons.

6. Hughes, A. (2000). Switched Reluctance Motors and Their Control (Motores de relutância comutada e seu controlo). Oxford University Press.

7. Miller, T. J. E. (2014). Accionamentos de motores de relutância e de ímanes permanentes sem escovas. CRC Press.

8. Dorf, R. C., & Bishop, R. H. (2010). Sistemas de Controlo Modernos. Pearson.

9. Boldea, I. (2012). Synchronous Generators (Geradores síncronos). CRC Press.

10. Chapman, S. J. (2017). Fundamentos de máquinas eléctricas. McGraw-Hill Education.